古訓告訴我們，
應該要一而再、再而三的思索關於鳥類的種種。

——摘自《奧義書》

La Sagesse des Oiseaux

Érik Sablé

Zulma

不可思議的
鳥類智慧

艾瑞克・薩博勒 (Érik Sablé) ◎著
胡婕 ◎譯

晨星出版

回歸自然，以鳥類爲師

編輯序

初初拿到本書時，便不自覺的聯想到「鵬程千萬里」（法文片名：Le Peuple Migrateur；英文片名：The Wings of the Nature）這部講述候鳥遷徙及四季生活的精采紀錄片，腦海中也不斷浮現鳥類遷徙飛翔、聚集的壯觀場景。因爲這本書中有一部分的內容講述的就是那部紀錄片所紀錄的事件或過程。

然而，這本書講的並不僅只是電影中所呈現出來的那些面向而已。

這本書的作者艾瑞克．薩博勒（Érik Sablé）研究鳥類學超過三十年，對鳥類的習性及知識具有豐富而深刻的了解，因此在這本書中，我們隨處都可發現關於鳥類的知識，例如北極燕鷗每年都會飛到南極過冬、隼飛行的時速可高達三百公里、布穀鳥會使奸計要別人幫牠孵蛋、養小孩……。

然而，值得注意的是這本書的書寫方式——作者以知性、感性兼具的優美語調，帶領讀者進入鳥類的世界，閱讀每一個篇章就如同在閱讀一篇詩歌一般，簡短而抒情的字句讀來全無壓力，且充滿想像。

作者還是一個「創意教學」的高手，他不會一味講求證據、科學，或者要求標準答案，而是不落痕跡的去引導讀者思索標準答案之外的可能。例如，在某些篇章中你會發現，有些議題在鳥類學的研究上其實早已有了答案，但他卻以疑問句或幽默的方式，引導你走往另一個方向，去思索是否有其他可能，這樣生動活潑的方式，讓讀者既學得鳥類知識，又擁有更多的思考空間。

除了談到關於鳥類的知識，這本書還有另外一個重要的主題，那就是探索人與鳥之間的緊密關聯，甚至更進一步引領讀者去學習鳥類的智慧。

自古以來，人類對飛翔的渴望從未止息，因為飛翔代表著自由，而人類嚮往自由，因此便對能飛翔的鳥類產生了無限的想像與崇拜。

在書的一開始作者便談到：「在許多宗教傳統、民間信仰以及神話傳說當中，靈魂是一隻鳥。」，也提到許多宗教、神話中的鳥類，有翅膀的天使、沒有翅膀卻能飛翔的仙人等等，引導人們去思索鳥類與人類的精神層面的關係。

同時，作者也告訴我們，鳥類社會就如同人類的社會一樣，同樣也有階級制度、權力鬥爭，牠們也必須處理「人際關係」，夫妻間一樣也有各種不同的相處模式……等等。

鳥類的許多的行爲其實與人類十分相似。藉著這本書，我們能以鳥類爲鏡來反省自己；而且，鳥類在處理某些事情時甚至比人類更有智慧，值得我們以牠們爲師，學習牠們的生活智慧。

人類的生活逐漸遠離自然，更因爲自己的狹隘眼光，自以爲文明而不斷的擴張自己，逐漸變得如作者所說的「難以置信的傲慢自大，相信自己掌握著唯一的眞理」，但其實大自然中蘊含著我們所不知道的無盡智慧，何不放下身段，跟隨這本書一起回歸自然的世界？

目次

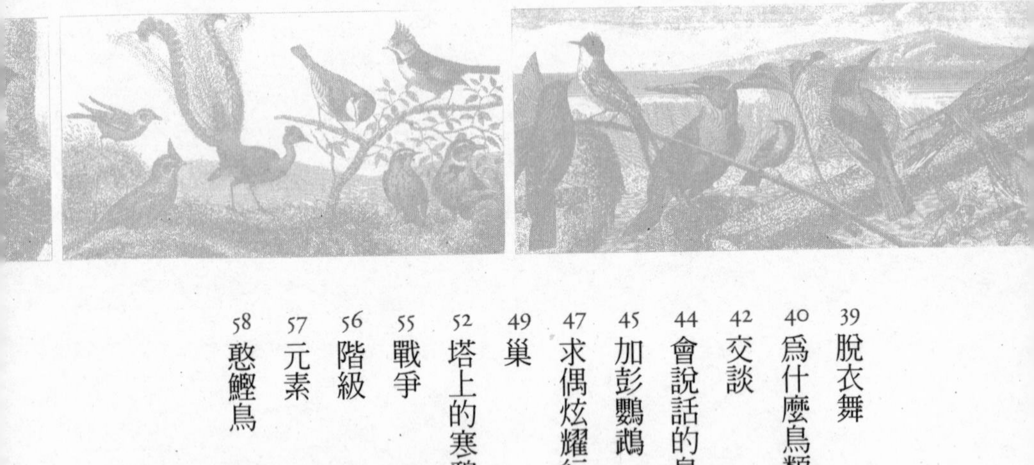

靈魂之鳥

在許多宗教傳統、民間信仰以及神話傳說當中，「靈魂」是一隻鳥。如果說肉體歸屬於大地，那麼靈魂便與天空相連。靈魂，是帶翼的原則、上升的信仰，暢快而自由。然而，它像「籠中之鳥」一般，停留、並被禁錮在「泥土*之身」的深處。

庫爾德神秘主義者巴拉姆．埃拉伊談論到：當靈魂進入身體時，其狀態與一隻被逐出巢穴、囚禁在狹窄陰暗籠中的鳥相似（出自《完美之路》一書）。而著名的伊斯蘭教蘇菲派詩人法里德．阿爾丁．阿塔爾也把靈魂比做一隻「被關在血肉之軀中的鳥」。柏拉圖在《對話錄》中的「提瑪友斯」（Timaeus）篇中曾經說到：由於靈魂與天空的親和性，而將我們提升至地面之上，因此，我們並非地球上的一株植物，而是屬於天空的一株植物。

上世紀的學者在人生前死後稱出了這個靈魂的重量，那就是生前死後的體重差距——精確的廿三八公克。

我想像著這個靈魂之鳥，脆弱、渺小、謹小愼微，有著一小簇的彩色羽毛，柔和、輕盈、即將消逝，然而，卻是無法毀滅的！

對蘇菲派的詩人來說，靈魂之鳥一直懷念著天空的蔚藍。它憧憬著偉大而崇高的起飛，悄悄地渴望透明高空的光。它如同受到向上的力量推動一般，湧起一股擺脫重力、逃離地心吸引的意願。正因爲有一種稱爲萬有引力的詛咒存在，所以神話中的人類總是看到彼此由於笨重，而從某個天堂墜入被詛咒的地獄。

就這樣顯露出人類的一個隱秘的夢：成爲一隻鳥。

＊譯者註：「泥土」指的是上帝造人用的泥土。

遷徙

候鳥每年都要穿越遙遠的距離，回到牠們築巢的地方。

有一類遷徙是借助於視覺標誌（例如岩石、森林、草原等），仰賴於鳥類優秀的記憶力。鳥類對一片土地瞭解的越多，牠便能越快地找到自己的巢穴。

還有一些鳥類，比如椋鳥科（Sturnidae）的鳥類，牠們是根據太陽的位置來辨別方向的。眾所周知，太陽的位置每時每刻都在變化，這就使得這類鳥必須具備一系列驚人的計算能力，以不斷修正方向的變化，來「保持航向」。

夜間遷徙的鳥類，例如歐洲夜鷹（*Caprimulgus europaeus*），是利用星星來指引方向的。當然，如果天氣一直持續是陰天的話，這些鳥就會迷失方向。最令人驚訝的是，這種靠星辰來辨識方向的本領是一種天賦，有些從不遷徙的夜鷹亦是天生就懂得利用星辰來辨識方向。

紫翅椋鳥（*Sturnus vulgaris*）

椋鳥科的一種，又稱歐洲八哥。牠們根據太陽的位置來辨別方向。

歐洲夜鶯（*Caprimulgus europaeus*）

夜鶯是夜間遷徙的鳥類，牠們利用星星來指引方向。

不過，有些種類的鳥明顯不符合上述規律。比如有一種燕子，在烏雲密佈的情況下離開自己位於美國密西根州北部的鳥巢，向南飛行三百七十五公里後，還是能在八小時多一點兒之後，便又回到了自己的鳥巢。而其他鳥類無論在白天還是黑夜，都至少需要一個天空中的標誌，否則牠們就會迷失方向。

所以？

所以，人們認爲鳥類對地球磁場的變化相當敏感。但是這些假設在缺乏有說服力的實驗下是無法成立的。

事實上，我們走進了一個神秘的領域，一個小小的、尚未得到解釋的空間，它始終抵禦著人類探求的意圖。就像那個難以言表的蹤跡正在向我們招手示意一樣。

鷺的遷徙

所有西歐的蒼鷺（*Ardea Cinerea*）都會遷徙，唯有英國的蒼鷺例外，牠們不參與這種旅行，而是待在原地。

爲什麼？

爲什麼英國蒼鷺如此眷戀英國？

因爲牠們置身於島嶼？因爲牠們懂得故鄉的語言？並且深愛著自己的故鄉？

也許是因爲牠們是英國處於邊緣地帶的形象代表。這也是牠們靠左行駛的一種方式……*。

*譯者註：最後一句話借用蒼鷺來諷刺英國一貫奇怪、與眾不同的作法：西歐蒼鷺基本都遷徙，只有英國蒼鷺不遷徙，在英國開車是靠左行駛，而西歐大多數的國家通常都靠右行駛。

蒼鷺（*Ardea Cinerea*）

蒼鷺通常為候鳥，在台灣亦為普遍常見的候鳥。

遷徙的海拔高度

大部分鳥類在遷徙時的海拔高度，都在九百公尺到一千五百公尺的範圍之內。然而金斑鴴（*Pluvialis apricaria*）和小辮鴴（*Vanellus vanellus*）能飛升到兩千公尺的高度。鶴（Gruidae）可達到四千三百公尺，胡兀鷲（*Gypaetus barbatus*）、杓鷸（*Numenius arquata*）和寒鴉（*Corvus monedula*）可到六千公尺，而雁在這方面則是絕對的紀錄保持者。西伯利亞灰雁（*Anser anser*）在印度北部過冬，所以牠們不得不飛越喜瑪拉雅高原八千多公尺的海拔高度。

牠們是怎麼做到的呢？

處於這樣的海拔高度上，稀薄的空氣是無法提供更多氧氣給需要額外動力的鳥類的。不過，我們可以肯定的是，牠們沒並有戴氧氣面罩來幫助呼吸……。

灰鶴（*Grus grus*）

鶴的一種，本種分佈於新疆及
內蒙古。

路途最長的遷徙

北極燕鷗（*Sterna paradisaea*）是一種白色海鷗，頭部爲黑色，羽翼爲銀色，在夏天的布列塔尼海岸很常見。

牠們在北極圈內築巢。但是牠們每年都會去南極——牠們有個讓人好奇的想法——到地球的另一極過冬。牠們飛越大西洋、歐洲、非洲，經過好望角飛向巴塔哥尼亞高原，最終到達南極，在那裏度過冬天。牠們進行這場一萬八千公里的小旅行，就只是因爲很喜歡看到其他的冰川、其他的冰山、其他的冰原……。

北極燕鷗（*Sterna paradisaea*）

北極燕鷗在北極繁殖，卻到南極過冬。因為牠們總在兩極的夏天中度日，而兩極的夏天太陽是不落的，所以牠們亦是唯一永遠生活在白日的動物。

視覺

鳥類的視野範圍是我們人類的三倍。舉例來說，鴿子一族的視角就是從一百五十度到三百四十度不等。因此這些鳥幾乎不用轉頭，就可以對自己週身的環境狀況瞭如指掌。

而夜間出沒的猛禽（梟、貓頭鷹等），由於視網膜上有大量棒狀細胞，所以可以在相當黑暗的環境中看清物體。與之相比，人類要想在夜間看到同樣清晰的物體，必須要增亮一百倍才做得到。如果拿狗經常探觸大地的鼻子所具有的靈敏嗅覺來相比，那麼鳥類最靈敏的就是眼睛和翅膀，牠們飛翔著、觀察著。

人類的各種感官都比較平庸，可能是爲了在別的方面有更好的發展，比如在思想方面。

短耳鴞（*Asio flammeus*）

短耳鴞是少數能在白天活動的貓頭鷹之一，通常在陰天或黃昏時外出獵食。

爲鳥類命名

我們常會看到一種硬皮封面的大書，裡面佈滿了彩圖，讓我們可以鑑別鳥類。只要我們有不錯的視力，就能在這本書裏清楚的分辨出卡羅萊納鴨（*Aix sponsa*）和卡羅來納野鴨（*Anas crecca carolinensis*），比維克天鵝（*Cygnus columbianus bewickii*）和喇叭天鵝（*Cygnus cygnus buccinator*），吃蜜蜂的蜂鷹（*Pernis ptilorhyncus*）和各種各樣的鵟，小烏雕（*Aquila pomarina*）和花雕（*Aquila clanga*）……等的各種鳥類。

可是爲什麼想要鑑別這些鳥呢？爲什麼不滿足於看著牠們、任憑牠們在天空中翱翔，就像人們凝視山脈或者河流那樣？是什麼樣的極度狂熱驅使我們給鳥分類、鑑別、命名？毫無疑問，這是因爲文字的力量所造成的影響。我們試圖驅散世界無盡而恐怖的黑暗。我們爲鳥類命名，而非接受鳥和牠們飛行的秘密。

也許還有另外一種認知？一種言語無法傳達的認知。這種認知使我們在叫牠們名字的時候，就在腦海中浮現出牠們的原型，例如在叫渡鴉的時候，就會想到這是一隻長滿黑色羽毛的鳥，有著長長的、黃色的喙。這種認知使我們理解並接受了烏鴉所代表的猜疑、深邃的機智、遲鈍……，我們也明白了這些任何字眼都無法表達的涵義。

同化

鳥類從一出生就可以行走，而且母雞、鴨子或是鵝還會把牠們第一眼看到的、正在運動的物體當作同伴。原則上，那應該是牠的同類，但實際上卻可以是一個人、一個立方體，甚至是一塊海綿什麼的……。

這種同化作用可能只持續幾個小時，但卻是無可挽回的、決定性的。鵝、鴨子和母雞，牠們一生都會跟隨著第一個在其眼前出現的生命體或者運動的物體。洛朗茲曾經養了一隻虎皮鸚鵡（*Melopsittacus*），那隻鸚鵡從小就和一顆乒乓球待在一起。成熟以後，這隻虎皮鸚鵡選擇了乒乓球做爲牠的性伴侶。

在其他築巢的鳥類當中，互相識別、互相承認是一種遺傳行爲，那是與生俱來的。

狼人、熊孩兒，還有其他由動物撫養長大的人類，這些偶爾會發生的狀況讓我們不禁想到：人類大概更應該屬於母雞、小雞、鴨子、火雞和其他農場家禽這一大類……這沒有什麼好吃驚的。

達爾文

雷米．沙文教授覺得企鵝會放棄牠的翅膀是有理由的。按照達爾文的說法，這是爲了更適應環境；也就是說——爲了捕到更多的魚。除非像鸕鶿（*Phalacrocorax carbo*）或者憨鰹鳥（*Sula bassana*）那樣，翅膀對牠們潛入深水、捕捉游得最快的魚來說不會產生任何阻礙。

我們可以進一步探討其他類似的事件，一些更加奇怪的事。比如有一種天堂鳥（Paradiseidae）的頭上長著四十公分長的羽冠，這個附屬品沒有給牠帶來任何益處，反倒會拖到牠的後腿，這東西完全一無是處。

所以？

所以，有兩種解答：其一，在最初的原始狀態就有潛在的進化能力存在，而且相對來講，環境對於從一開始就確定下來的模式所產生的影響很小；其二，

國王天堂鳥（*Paradisea regia*）

這種天堂鳥的翅膀下有長約六公分的扇形飾羽，尾羽中央則長出約二十公分的線狀飾羽，極為獨特。

生命就是一團巨大的混沌。

明顯還有第三種可能：生命從一開始，還在原始細胞當中時，就是一團巨大的混沌。

烏鴉的語言

按照書上所講，渡鴉（*Corvus corax*）會發出深厚的「哦克—哦克」或者「噢嗚—噢嗚」的叫聲，而不像禿鼻烏鴉（*Corvus frugilegus*）發出的「呱呱」聲。

但是，當牠們在炫耀自己的時候，就會發出深沈宏亮的「咳隆—咳隆」聲。

相反的，當牠們向同類提出警告時，就發出堅決的「啊咳—啊咳—啊咳」聲。

有了這些，你就獲得了對於烏鴉語言的啓蒙……。

渡鴉（*Corvus corax*）

渡鴉擁有自己的溝通語言。

神鳥

馬可波羅的遊記、《一千零一夜》，以及一些俄羅斯傳說中，都曾描述過大鵬這種巨鳥。牠是如此之巨大，以至於飛臨上空的時候遮天蔽日。蘇菲派詩人在卡夫山上看到了西摩爾鳥，牠的羽毛可以治癒傷口。克爾特女神萊雅儂的群鳥可以用歌聲喚醒死者，用歌聲引活人墜入死亡的深淵。

想想看吧！「古代人」對鳥類抱有如此多的幻想。對於勒內．蓋儂（可能是兩次世界大戰間，唯一一位眞正的反殖民主義作家）來說，「古代人」對宇宙有著更加敏銳細微的認識。而這些神奇的生靈屬於我們看不見的世界。勒內．蓋儂認爲，這些往昔的「旅行者」*對世界的描述也比我們的要來的「客觀」。

也許，一個社會相信什麼，就能看到什麼？也許，一個客觀的宇宙並不存在，我們看到的只是一個共同的信仰？

如果一個社會相信大鵬、西摩爾鳥、元素精靈、淘氣精靈，那麼它就會看到大鵬、西摩爾鳥、元素精靈、淘氣精靈等等。如果一個社會相信一個客觀的宇宙，那麼組成它的個體便能看到這個客觀的宇宙。任何一種視覺都不會比其他的視覺更眞實、更公正。簡單來說，西方文明那難以置信的傲慢自大，使他們相信自己掌握著唯一的眞理，如同基督教傳教士自我說服一樣，他們面對著普遍的未開化，便認爲自己掌握著唯一眞正的宗教……。

＊譯者註：往昔的「旅行者」指馬可．波羅、蘇非派詩人等古代經常四處遊歷的旅行家。

伽摩（*Kama*）

伽摩是印度神話裡的愛神，祂是一個永遠年輕英俊的男子，座騎是一隻鸚鵡。

鳥的歌唱

蒼頭燕雀（*Fringilla coelebs*）是一種很常見的小鳥，前胸羽毛為紅色，頭部羽毛為灰藍色。

英國自然主義學家索普對其進行了深入的研究。他以具體的實驗來證明鳥類歌唱技巧中先天的成分和後天養成的部分。所有的燕雀天生都只會同樣的一個樂句，如果從小就把一隻隔離起來，牠就只會本能的不斷重複這一句。可是若只是這樣一句實在是很貧乏，就像一個缺乏眞實生活的結構一樣。但將牠放飛自由之後，牠便會模仿其他鳥類的曲調，將學來的曲調移植到自己身上。也就是說，牠從其他類別的族群那裏借用了一些音樂元素。

最終，每隻燕雀都有了自己的曲調，只屬於自己的歌，用於同類之間相互鑒別。

蒼頭燕雀（*Fringilla coelebs*）

蒼頭燕雀經由後天的學習，每一隻都擁有屬於自己的歌。

燕雀並非唯一一種會模仿他人的鳥。熱爾省的一位研究員訓練了一隻小嘴烏鴉（*Corvus corone*），牠會模仿公雞鳴聲，每天都在早晨時學雞啼來叫醒主人。而這方面的大師則非伯勞莫屬，非常令人驚訝的是，牠在叫聲中相繼模仿了雲雀、鶯、夜鶯……，而且模仿的唯妙唯肖。

脫衣舞

鳥類沒有三圍，全靠盡力張大嘴巴來刺激誘惑異性。因爲牠們這樣的動作，我們發現憨鰹鳥（*Sula bassana*）的嘴部內側是黑壓壓的，鏡冠狀沙鴨（*Lophodytes Cucullatus*）是鮮紅色的，羽冠鸕鷀（*Phalacrocorax aristotelis*）是鉻黃色的，三趾海鷗（*Rissa tridactyla*）是橙紅色的，海燕（*Fulmarus glacialis*）的是淡紫藍色，而極樂鳥（*Paradisea apoda*）則是翡翠綠色的。

這些「打哈欠」的動作是無法抗拒的。異性如被磁力吸引一般，無法抗拒如此富有啓發性的絢麗色彩。

因而，雄性就這樣給雌性餵食。有一些鳥類，例如渡鴉（*Corvus corax*），就會這樣給予對方一個深深的「吻」。

爲什麼鳥類要鳴叫？

每隻鳥的叫聲都是獨一無二的。就像一張身份證，是相互鑑別、承認的標誌。

舉例來說，聲音可以使小孩子辨認出自己的父母，可以幫助黑脊鷗（*Larus argentatus*）年復一年的重新找回牠的伴侶。

鳴叫還能使鳥類在築巢期標記出自己的領地。在燕雀一族中，當雄性鳴叫著驅趕入侵者時，雌性便在領地內築巢。

當捕食性動物靠近時，叫聲便用來警告周圍的鳥類。

當然，鳥類也會沒來由的鳴叫起來，僅僅是因爲牠們喜歡鳴叫。牠們的叫聲是一種生命中必不可少的宣洩，是對一種創造性快樂的盡力表達。而人類常常自以爲是這種快樂的唯一擁有者。

(上方) 黑脊鷗 (*Larus argentatus*)

黑脊鷗是一夫一妻制，到繁殖季時，牠們完全是依靠叫聲來重新找回自己的伴侶。

交談

大自然當中，像扇尾鶯（Cisticola）這樣的鳥類，夫婦兩人之間經常交談。雄性唱出一定的曲調，雌性就會用自己相應的曲調來回應牠。當兩者當中的一個不在場的時候，另一個就會把兩個人的曲調完整的唱出來。牠們以呼喚思念之人這種方式來填補心中的寂寞。

許多鸚鵡和八哥在主人不在的時候會自言自語。但實際上，牠們是在呼喚主人，並發出類似於主人回應牠們的話語。

鸚鵡科鳥類（Psittacidae）

許多鸚鵡科的鳥類會自言自語其實是一種想念主人的表達方式。

會說話的鳥

這是一個大家都知道的故事：一個英國傳教士來到倫敦動物園時，看到第一隻大猩猩。他在猩猩面前駐足，盯著牠，並且對牠說：

如果你說話，我就爲你洗禮。

其實，很多種鳥都會說話，如果人們付出足夠的關注和耐心對其進行訓練的話，不只鸚鵡和八哥會說話，松鴉、喜鵲、椋鳥、灰雀也都能重複完整的句子。

那麼，這位傳教士是不是應該爲所有會說話的鳥進行洗禮呢？

加彭鸚鵡

加彭的灰鸚鵡（*Psittacus erithacus*）是最具天分的鳥類之一。

這種鳥的羽毛為灰色，有力的爪子可以將食物送進嘴裏，還能打開籠子的鎖。牠們成雙成對的生活，活到八十歲。牠們還能記住一些單字（這些構成了相當可觀的單字表）。而且可以肯定的是，牠們明白自己所用的單字的意思。例如，洛朗茲就講了這樣一件事：有一隻在公寓裡自由放養的鸚鵡，在牠的主人邀請了牠不喜歡的人來做客時，牠就會飛到客人聚集的那間房間中央，大叫：「拜拜！拜拜！」

灰鸚鵡（*Psittacus erithacus*）

灰鸚鵡是最有語言天分的鳥類。

求偶炫耀行爲

某些鳥類的性行爲伴隨著奇怪的儀式。

這種儀式包括舞蹈、振翅，以及複雜的花樣動作。

牠們就如同戰鬥中的騎士，要先劃定一塊圓形空地，然後長時間跳著無規則的舞蹈，直到接近一種激昂的戰鬥狀態。

居住在澳大利亞東部森林邊緣的流蘇鷸（*Philomachus pugnax*），在交配季節開始的時候，會先用小樹枝搭建一個搖籃形狀的鳥巢。然後用一些色彩鮮豔的東西，比如花兒、鸚鵡的羽毛等等，裝飾在巢的四周，並在其中突出牠對藍色的偏好，牠們最後會用小塊的樹皮纖維製成「畫筆」，並用藍色的漿果、木炭粉和唾液的混合物將巢的內部粉刷成藍色。當雌性接近時，雄性便會叼起擺放在巢四周的東西（花兒、鸚鵡羽毛等），展開牠的尾羽，伸長脖子，又跑又跳，就像是在表演一種舞蹈一樣，然後扔掉嘴裏的東西，在周圍旋轉著，再叼起另一樣東西。這種奇異的舞蹈編排可能只延續幾秒鐘，也可能持續半個鐘頭，而此時的雌性定會在一旁如癡如醉的看著。

這些複雜的花樣動作，以及鳥類在交配時所達到的、幾乎出神的境界，足以證明交配的無比神聖性。

巢

像花樣繁多的求偶行爲一樣，不同類型的鳥，他們的鳥巢也是各式各樣的。隼、夜鷹會直接把蛋就地放在自然形成的小坑窪處。寒鴉（*Corvus monedula*）、斑鶇則將卵產在樹洞，或者用羽毛、植物碎屑鋪好的岩石洞中。

憨鰹鳥、鸕鶿、海燕會用植物、藻類的碎片在懸崖峭壁上搭建碗狀的窩。南極的鳥類，例如雪海燕（*Pagrodama nivea*）則用冰雪築巢。翠鳥（*Alcedo atthis*）、大西洋海鸚鵡（*Aratercula arctica*）的巢更加的精工細鑿：牠們眞的是在挖洞，有時洞深可達兩米，卵就產在這樣的洞裏。而鸚鵡和椋鳥則利用空心樹洞，在裏面墊上植物殘片。燕子用泥土、小樹枝和唾液黏在一起的混合物來築巢。

給人印象最深刻的巢當屬鸛的，牠的巢高度可達兩公尺，重約四十公斤。

最令人震驚的是非洲織布鳥的巢，這種巢讓人聯想到人類的織布工藝。牠們將長條樹皮用精湛的手法編在一起，並且還把巢用各式各樣的結固定在樹上。雷米．沙文教授明確提出，就連黑猩猩都沒一個會打結的，更別提編織了⋯⋯。

同樣令我們吃驚的是，錫蘭*地區有種懂得裁縫手藝的鶯，牠們會在樹葉邊緣鑽出小孔，然後用植物纖維將葉子穿在一起⋯⋯。

對此我們做何設想呢？毫無疑問，智慧並不只屬於人類或者黑猩猩之類的類人猿。智慧是全宇宙的財富，是生命的本質，而且也許會在其他形式下不斷的演化（長翅膀的、晶狀體的、植物類的⋯⋯）。誰知道呢？

*譯者註：錫蘭，即斯里蘭卡的舊稱。

鳥巢

鳥巢有著各式各樣的材質和形式。

塔上的寒鴉

寒鴉（*Corvus monedula*）是一種黑色、圓滾滾的鳥，其頸背部爲灰色，比小嘴烏鴉（*Corvus corone*）這種黑色大型雀類長得更加小巧，也更加活躍。

寒鴉通常群居在陡峭的地方，比如古老庭園中城堡的鐘樓和塔樓上。像海鷗和所有進化良好的鳥一樣，牠們都有自己的個性特點，並以此來互相辨識。

牠們過著制度明確的群體生活，是長著翅膀的共產主義者。牠們經常一大群在一起飛翔，如果某個成員遭到捕獵者的襲擊，整個群體都會趕來保護牠。

牠們之間從不發生眞正的打鬥，所謂打架的得勝者僅僅是盡可能用最長時間保持恐嚇姿勢（翅膀和尾羽張開到最大）的一方。

寒鴉的社會群體中有著嚴格的等級劃分。而且這種等級劃分制度極少引起質

寒鴉（*Corvus monedula*）

寒鴉是一種群居動物，而且階級的分界非常嚴明。

疑和異議。相反的，如果一隻處於社會下層的鳥受到同級別或者稍高級別的鳥的攻擊，那麼處於社會高層的鳥都會來救牠，而原本受到攻擊的鳥則會發出一聲奇特的叫聲向大家表示感謝。

牠們的夫妻生活尤其相敬如賓。一歲的時候訂婚，訂婚期長達一年，然後便在一起生活，白頭偕老。只有死亡才能將牠們彼此分離。

晚上回歸集體宿舍城之前，寒鴉要表演一套複雜的空中花樣動作。牠們任由自己往下墜落，然後又飛起來，旋轉著，跳著舞。就像洛朗茲觀察到的那樣，寒鴉盡其所能展現各種各樣的馬戲團雜技，不為別的，就只為了自個兒高興。

是否應該以寒鴉為榜樣呢？將來有一天，我們是不是能看到一個新興的政黨？從左派觀點出發，洛朗茲建議人類社會應該向我們的朋友——塔上的寒鴉看齊。事實上，這個想法並不會比康帕內拉、托馬斯．莫爾、傅立耶這些烏托邦主義者更加來的荒謬……。

戰爭

不是所有的鳥都像寒鴉一樣能夠群居，並且和睦相處。例如雄性的鳾科動物（Sittidae）就經常發生激烈的打鬥，有時甚至打到死爲止。赤喉鷚（*Anthus cervinus*）無法忍受他人侵入牠的領地。狂怒的時候，牠會把出現在牠面前的、塡滿稻草的赤喉鷚標本，甚至紅布片之類的東西當成牠的某個同類，並將其撕爛。而雌性則可能被當成異族，很難被接受。

階級

鳥的領袖不一定是最強壯的，而是最無所畏懼，最不知天高地厚的。並且牠也是最先交配的。另外，鳥類的階級與性能力直接相關，這決定了牠在群體中的地位。實驗證明，如果給一隻鳥去勢的話，牠就會掉到階級的最底層；相反地，如果給一隻受統治的個體注射雄性荷爾蒙，牠就會重新回到群體的上層階級，而且擔任首領。

一般來說，各種類型的鳥都是雄性占統治地位，但是在某種虎皮鸚鵡群中，雄性只有在繁殖季節才占主導地位，其餘時間都是雌性掌控大權。

所以，虎皮鸚鵡群體是一個非全日制的母系社會。

元素

奧爾科特上校是十九世紀末一位出奇熱情的老人。他根據人類和四大元素的親和關係在作品中將人分成四類。這樣就有了火、水、氣、土四種脾性。

按照這位作者的觀點，氣屬性格的人喜歡登高，傲視群山。他們享受著暴風驟雨的陣陣氣息。

他們是唯一眞正的愛鳥之人。

因此，本書可能針對的就是氣屬性的讀者。

同樣，關於礦物和板塊構造地質學的書，目標讀者群就是土性的人，火山學的書，目標就指向火性的讀者。

憨鰹鳥

憨鰹鳥（*Sula bassana*）是一種奇特的鳥，眼睛和嘴化著黑色的妝，卻勾著藍色的輪廓。牠堪稱是北大西洋地區最大的鳥。

牠也是最不同尋常的海上飛鳥之一。在上升氣流的幫助下，牠能在空中翱翔數小時，並且飛越相當長的距離。牠棲息在海岸邊佈滿岩石的小島上，尤其是蘇格蘭北部，愛丁堡附近。

憨鰹鳥既是氣屬性的，也同樣是水屬性的，因爲牠能在飛行中突然收起翅膀，從六十公尺的高空猛地栽進水裏，並且潛在水下很長時間，由於趾間有蹼，牠游泳也游得相當出色。

也許人類當中也有這樣同時擁有兩種甚至三種屬性的人：複合性格。

憨鰹鳥（*Sula bassana*）

鰹鳥在空中飛翔的時候，只要一發現目標，就會馬上收縮翅膀，筆直的向下俯衝，一頭栽進水裡捕捉食物。

雨燕

雨燕科的鳥類（Apodidae）是一種絕對的鳥。牠能夠在飛行中進食、睡覺甚至交配。

然而，牠在築巢時不得不落下來，因爲牠還沒有能力在雲裏築巢。

泥鳥

按照某種僞福音書的說法，幼年的基督曾捏製了一些小泥鳥，對著它們吹氣就賦予了牠們生命，得到生命的鳥兒立即就飛走了。基督是「聖子」，所以這對聖子來說很正常，因爲「聖子」就是「生命」。

這個優美的故事被安達盧西亞的一位名叫伊本·阿拉比的蘇菲派教徒重新演繹。對他來說，耶穌是「上帝的靈魂」，是「煉金術*宗師」，有能力重現創世紀神話。泥人亞當（Adamah在希伯萊語中是泥土的意思）被生命的呼吸賦予了活力。

不過，這個版本的福音書可能是想突出另一層含義。幼年基督是在玩耍中創造了世界，聖子的戲耍卻無意中創造了世界，只是因爲祂高興。

*譯者註：「煉金術」含有「複雜而不可捉摸的演變」的意思。

赫柏（*Hebe*）

代表春天和青春的女神，原為斟酒女神，相傳是宙斯和赫拉的女兒。

飛花

神奇的先知魯道夫・斯坦納說：蝴蝶是飛花。這種花在末期變得越來越輕盈，最後飛了起來。處於毛毛蟲階段的人類將來能否變成蝴蝶？是否終有一天也將起飛？

「是的！」魯道夫回答。

人類將越來越輕。重力這古老的詛咒將會終止，地球、物質，都將成為天空。人類將擁有繽紛的羽翼，我們也將會成為「飛花」。

夫妻生活

寒鴉實行的是嚴格的一夫一妻制，而且就此永不分離。海鷗也是一生只組成一個一夫一妻制的家庭，只是在築巢之後牠們會分開，然後等到下一個繁殖季節再相會。雄性的鵐科（Emberizidae）動物擁有很多妻子，牠們會棲息在高處的電線上，監督雌性們築巢。至於麻雀，則是胡亂交配，毫無規矩和秩序。

鳥類中存在各式各樣的伴侶形式，就好像每個類型代表人類的一種個體行爲，映照出人類性慾的多個面向。但也可能是反過來——人類的行爲映照出鳥類性慾的各個面向。

蘆鵐（*Emberiza schoeniclus*）

鵐科動物是大男人主義的奉行者，娶很多個老婆，連築巢的工作都是由雌鳥負責。

領地

領地問題經常和夫妻生活及築巢有關。群居生活的鳥類在發情期時，會在同一片領地上分散開來交配、築巢，和雛鳥一起生活，這片領地由雄性來選擇，並且守護。

每一塊領地的界限都是明確劃定的，夫婦投入巨大的熱情，用嘴啄、打鬥來抵禦外界的威脅。鳴叫聲標明了自己的保護區，其他鳥類在越境的時候將會很清楚自己到了別人的地盤上。

每種鳥類劃定的領地大小各不相同。例如像小鷦鷯（*Troglodytes troglodytes*）和赤喉鷚（*Anthus cervinus*）這樣的鳥，就能佔領一公頃多的土地。而其他鳥類，像綠啄木鳥（*Picus viridis*），牠的領地僅限於巢的四周。

所以就有「擴張主義者」類型、追逐「生存空間」的鳥，而其他鳥則屬於節制、謙遜那一類型的。

綠啄木鳥（*Picus viridis*）

綠啄木鳥是一種節制、謙遜的鳥類，領地只在巢的四周。

博物館

我至今依然記得參觀圖盧茲自然歷史博物館的情景。

成百上千的鳥類標本堆在一起，雜亂無章的交疊著。從禿鷲、巨鷹到昆蟲般大小的蜂鳥。

灰暗的光線透過污濁暗淡的窗戶，令這些標本看起來幾乎像是活了起來。我期待著牠們搧動翅膀、飛翔，可惜牠們依然完全靜止不動，一片寂靜。

就像釘在櫥窗玻璃後面的蝴蝶標本，美麗而又可悲，只有木地板嘎吱作響……

精神

對於古埃及人來說，人剛剛死亡就要秤其靈魂的重量。瑪阿特女神的羽毛放在天秤一邊的托盤裏，而另一邊則放置死者的心臟。心臟的重量不能超過羽毛的重量，否則靈魂會遭到懲罰，隨意飛走。所以，活著的人就必須要學會像鳥一樣輕盈。

捕獵者

有時候，出於憤怒、神經質、愚蠢、取樂，或是同時幾乎所有這些因素都包含在內的原因，獵手會朝著鷺開槍，就像調皮搗蛋的孩子扯掉飛蟲的翅膀、蚱蜢的腿一樣。因爲成爲鳥、像鳥一樣飛翔是不可能實現的幻想，對於這種無法得到的東西，他們很樂意將其毀滅。

異國鳥

村莊裡的一個憲兵擁有一個巨型鳥籠，裡面有八十來種異國鳥類，都是受到《圖盧茲鳥類公約》保護的鳥類。

「快去看看吧！」麵包店老闆興奮地對我說。

我便去看了。還透過查閱法典、期刊雜誌，走訪鳥類協會、交流基金會等方式，認識了熱帶鳥類的世界。

然而，我顯然更喜歡在天空中自由翱翔的鳥。

不過，每個人都可能擁有翅膀，只是仍在某處沈睡罷了。

故事

在許多傳說中，鳥類的歌聲擁有抹去時間痕跡的魔力。因爲鳥是天空湧向大地的使者，所以也是永恆的象徵，牠的歌聲能傳到「另一個世界」。

一個源自中世紀的傳說故事極好的說明了這一點：一個僧人去採草藥，忽然聽聞一陣鳥兒的美妙歌聲，便跟了過去，著迷地聆聽了一會兒。當他回去以後，卻是一個陌生人給他開的門。他不認識那裏的任何人，也沒有一個人認識他。只有一個年歲相當長、相當長的老僧人，曾在兒時聽說過這位採藥一去不回的僧人。原來他聽鳥兒歌唱那段時間，實際上已經在森林裏度過了一個世紀。

上帝—鳥

阿里—哈克（Ahli-Haqq）人認爲，上帝是一隻長著金色翅膀的鳥；北美印第安人則認爲至高神是「雷鳥」：牠的眼睛射出閃電，從背部降下雨水。因此對於這些子民來說，非常簡單，上帝就是一隻鳥。

鳥類的語言

古代人說著一種「鳥語」。那是一種內部人才會說的神秘語言，這種語言訴說著世界的眞相。

但是，爲什麼要賦予鳥類公正的語言呢？因爲這是「天的語言」，與人工的語言相反。換句話說，這是根據生命、事物眞正的「聲音」來爲它們命名的原始語言，是創造力的振動造就了它們。它是石頭、植物、動物、山脈和河流「眞正」的音樂。

德內人所信奉的鳥類起源

經科學家研究發現，鳥類的祖先是始祖鳥，這是一種擁有爬行類動物眾多特徵的奇怪動物。但是穿野兔皮的德內人卻對佈滿天空的九千七百三十九種飛禽制定了另一種起源說。

德內人是分佈在加拿大西北部的一個部落。他們居住在遍佈哈得遜灣、洛磯山脈、冰海以及大熊湖地區的草原和森林中。德內人因爲他們冬季穿著的服裝而得名：他們的衣服全部都是用一條一條的白兔皮做成的。他們活潑、愛開玩笑、熱忱並且深情。他們獵捕馴鹿、打漁、做生意，共同生活在大的流動村落裏。十九世紀的一位法國探險者——埃米爾·柏蒂托詳細的描述了他們。一八六二年至一八八二年的二十年間，埃米爾一直生活在這群居住在加拿大廣袤北部的人民之中。他學會了當地的語言，搜集整理他們的神話、傳說故事，記錄他們的風俗習慣。他對他們的民間傳統無比的尊崇，認爲這些傳統富有「罕見的詩情畫意」，甚至比聖經中的還要至高無上。這就引出了後面老利茲特·卡—托—第在好望堡講述的故事……。

有兩兄弟在一起共同生活。一天他們前去捕魚，結果在海上迷失了方向，漂到了一個遠離自己家鄉的陌生海岸。隨即，在他們震驚的目光中，一片廣闊無垠的土地呈現眼前。兩人上了岸，沿著一條被風吹鑿出來的小路向前走，走了一天又一天，一月又一月，一年又一年。那裏有聳立著冰山的廣闊森林，有無邊無際的原野，他們覺得一定有奇異的動物在此出沒。就這樣，他們一直尋尋覓覓，試圖找到回家的路。

一天，兩兄弟發現了一個巨大的帳篷，裏面有一位美麗非凡的女子。她對兄弟倆說：「我是太陽神，我丈夫是月亮神。」隨後便邀請他們進屋吃馴鹿肉。

沒多久，女神的丈夫回來了。他背著一對巨大的翅膀，能在夜空中自由翱翔。休息之後，他請兩兄弟蜷縮在他的翅膀下面，帶著他倆像月亮那樣在雲中穿梭。後來，月亮神將翅膀贈給了兩兄弟，乘著翅膀，兄弟倆終於回到了家鄉的土地上。而月亮神的翅膀忽然間化作一大群鳥，從此鳥就在我們這個世界上繁衍開來。

布穀鳥

某些鳥類，尤其是歐洲的布穀鳥（*Cuculus canorus*），是佔用其他鳥類的巢來孵蛋的。

雌性布穀鳥一旦鎖定一種鳥做爲被寄生目標，就會一直佔用這種鳥的窩。當布穀鳥盯上某個巢後便開始產卵的過程。兩到三天當中，牠會悄悄地把自己的卵放在別人的鳥巢中，或者直接在裏面產卵（當然是趁主人外出的空檔），或者把卵銜在嘴裏再放置在別人的巢中。

最令人稱奇的是，布穀鳥的卵會模仿被寄生鳥類的卵，而且經常是模仿的極爲相似。比如，如果布穀鳥把卵產在鶯的鳥巢裏，那麼牠的卵看上去就會像是鶯的卵。如果是在斑鶇的巢裏，那麼布穀鳥的卵就會具備斑鶇卵的特徵。這樣，被寄生的鳥就會把這些卵當作是「合法的」。

而破殼期比其他鳥更早的雛布穀鳥簡直就是一個小怪物。牠還沒有睜開眼睛，就會一個接一個的掀掉巢裏的其他鳥卵，然後殺死已經提前出殼的合法雛鳥。

最令人震驚的是，鳥巢的眞正主人居然能接受這種破壞，並且不停的給小布穀鳥餵食。

大自然似乎完全容忍這種寄生現象，就像接受一個生活用語一樣平常。這種現象表現出了完完全全的非道德性，至少根據我們的道德標準看來，那是極不道德的。

自然界單純無辜、盡一切可能地孕育著無窮無盡的想像。

天使

世界上存在一種長著翅膀的被造物，瑞典的先知斯威登伯格這類的人經常拜訪祂們：那就是天使。

安德烈．布雷頓很讚賞一位預言家的話：神就在那裏，祂們戴著帽子。

我遇到的天使可沒有戴帽子。

有一天，我在造紙廠後面的某個陌生的街區中散步。夜幕降臨，建築物頃刻間籠罩在霧氣中。忽然，我看到一扇亮著燈的窗戶，那是所有百葉窗緊閉的窗戶中，唯一一扇沒有拉上簾子的。房間裏，一個身著一襲白衣的女孩緩緩地走著。她的背上固定著一對白色的大翅膀。毫無疑問，她曾經或即將在一部劇裏扮演天使的角色。可是她看上去彷彿來自另一個世界，夢想的光輝在漸漸升高的霧中浮現。

顯然，這個天使的意義與詩人瑞克在《杜諾的哀歌》中所寫的完全不同：這些「靈魂深處危險的鳥」、「純粹的享樂」、「外表是可怖的，因爲恐怖與美麗共生，很難忍受。」

天使象徵天空的美好，這種想像讓人時而感到激動，時而感到小小的幸福。祂們是對人類以及人類面對「存在」時的低劣感知度的生動譴責。

丹尼斯・亞利歐帕奇蒂（Denys l'Areopagite*）是第一位研究基督教天使的偉大專家，他將天使分成九個品級。與眾神最爲接近的是一直朝向崇高與光輝的座天使，然後是長著六翼的熾天使——祂們的翅膀上長滿了眼睛，眼睛裡燃燒著神之恩寵的火焰，永恒地環繞在神的周圍。最後則是傳遞智慧書的雙翼天使。

按照丹尼斯的說法，有預言能力的神學家向人類傳遞著這些圍繞在神的四周

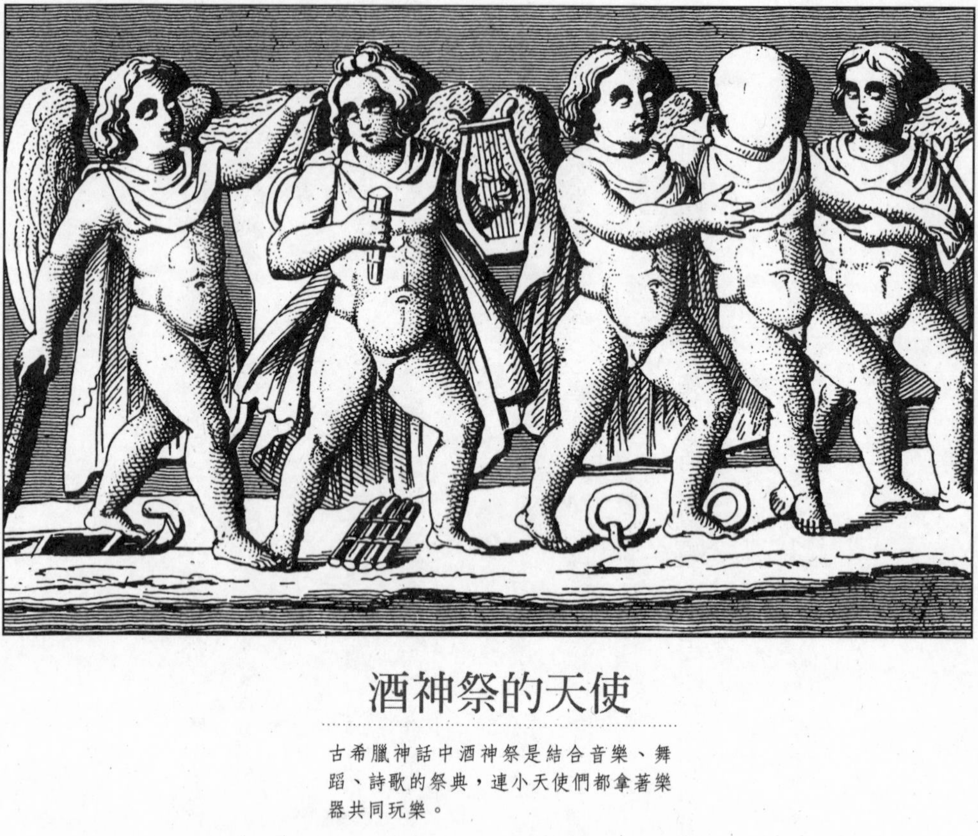

酒神祭的天使

古希臘神話中酒神祭是結合音樂、舞蹈、詩歌的祭典，連小天使們都拿著樂器共同玩樂。

的被造物所唱的頌歌。那麼祂們在唱什麼呢？祂們高唱：「聖哉！聖哉！萬軍之神聖天主，祂的榮光充滿大地……。」

天界其他的力量則稍遜一籌。神擁有的超本質力量在下達到簡單天使那裏的時候已經逐漸消弱了，這類長著翅膀的看守天使在各個國土上守夜，監視各民族，以防他們在錯誤的信仰中迷失。因爲至高神已經根據上帝的天使數量劃定了各民族的國界。

另外，這位作者確定，天使的數量是我們現行的計數法則所統計不出來的。聖托馬斯對這種無限給出了另一個理由：上帝大量地創造美好的事物……。因此，就有不計其數的長翼存在體，充斥在神與我們地面之間那看不見的空間。

＊譯者註：Denys l'Areopagite 著有《天上位階論》。

變成鳥

變成鳥對二十世紀的西方人來說還是個夢想，但是如果你相信一份古老的經文所著的：意念轉移術，或者叫做博瓦經——這是一門某些宗師才會傳授的神秘武功——那麼過去的西藏人早就實現了這個夢想。

照這本經卷所述，意識的本體可以與肉體分離，像一隻鳥一樣，從敞開的天窗飛走。這個天窗就是「布拉瑪蘭達」，亦即位於頭頂的微妙思考中心。人死之後或者靈魂出竅的過程中，集中生命氣息和能量的意念就從這裏飄走，然後就引起了「原始的達爾瑪卡亞」球體中的意念遷移。

這種修行仍有一大部份尚未破解，包括靈魂顯形、誦經、背誦咒語。在修苦行的過程中，頭頂會感到膨脹，並且會有「血和暗黃色的分泌物滲出」。隨後，修行者超越肉體升起，就這樣「飛鳥掠過而不留痕跡……。」

對克麗斯蒂娜．德克勞爾來說，精神之旅也跟鳥相關。她的靈魂得到了明確指示，從而到達了很難進入的拉斯科岩洞的地下室。在岩洞中的壁畫上，薩滿教巫師戴著鳥形面具，身體被靈魂附身而顯得很僵硬，在一根木棒的邊上有一個長著翅膀的形象和一根「小樹枝」。克麗斯蒂娜曾在蒙古得到過薩滿巫師的傳授，她認出在鳥類學家簡要命名爲「小樹枝」的工具中，「瞄準鏡」能夠幫助出竅的靈魂在星星上辨認出方向，不至於迷失在無垠的宇宙中……。

因此，對於我們的史前祖先來說，困難並不在於自由飛翔，而在於怎樣才能不在無窮的宇宙中迷失方向！

我們都知道史前那段時期是一段和平的紀元（我們在那個時代所遺留下來的骨骼上，還沒有發現被武器所傷的痕跡）。現在我們明白了薩滿巫師能在空中自由漫步，而無需依靠任何現代技術製造出來的沈重工具。

多麼幸福的時代！

蛋

鳥類降落棲息在地面上，是因為要給世界帶來一個奇妙的東西，並且照顧它，這個一直吸引著人類目光的東西就是：蛋。

這是一種礦物質的子宮，從外面看不到內部情況，與生它的母親不是一個模樣，就是這個東西悄悄孕育著雛鳥。雛鳥出殼只需要一個基本恆定的溫度，內部就會發生某種神秘的演變，最終雛鳥破殼而出。

這種單獨的物體經常被當作古代宇宙學的研究模型。宇宙也是從原始海洋中的一個神秘的蛋裏誕生出來的。在印度神話中，婆羅門的蛋分為兩半，一半是金的，一半是銀的，中間是山川、雲彩、河流。

同樣地，在源於日本的宗教——神道當中，原始的蛋也分裂成了兩部分，天與地從此誕生，人類和自然在其中繁榮興旺。

印度神話中的創世圖

在印度神話中，婆羅門的蛋分為兩半，一半是金的，一半是銀的，中間是山川、雲彩、河流。

在芬蘭史詩《卡勒瓦拉》中，講述了六個金蛋和一個鐵蛋碎裂後，變幻成了世上萬物。

維拉柯卡——古印加的最高統治神本身就是一個蛋。

哲學蛋或者叫「阿特諾」在煉金術中都呈現出世界的形象。世界在這個蛋中起源，這個蛋變成了點金石。

蛋，即誕生的象徵，也是重生的象徵。在俄羅斯一些古老的墓穴中，人們發現了一些泥蛋。在希臘底比斯城附近，人們發現了一尊酒神狄奧尼索斯的雕像，而且酒神手中還捧著一個蛋。慶祝耶穌基督復活的復活節彩蛋，也有著同樣的神喻。

另外，復活節島上的居民也把蛋視爲無比神聖的東西。

當南半球的春天來臨，燕鷗也返回附近的島上開始築巢的時候，復活節島的全部居民都會投入一種奇怪的儀式當中。氣質優秀的年輕人被挑選出來，在海岸邊等待一種名字也叫海燕的鳥的到來。這些年輕人奮力游向一個名叫莫圖—紐的人鳥島，海燕就在那裏築巢。爲了到達目的地，他們必須穿過危險的大海，與洶湧的波濤抗爭，躲避鯊魚的攻擊。一到達島上，他們就不吃不喝，靜靜的長時間等待海燕產卵。第一個拾到鳥蛋的年輕人將在今後的一年中被視作瑪柯—瑪柯的化身，瑪柯-瑪柯是天空居民的主神，其形象是鳥頭人身。人們把這個年輕人的頭頂剃光，用紅色染料梳他的頭髮，然後將他隔離供奉起來，因爲他是超自然神力的擁有者。無疑地，這就與蛋象徵起源的神話相符了。

戰爭中的鳥

隼（Falcondidae）主要以松鴉、寒鴉、椋鳥、烏鶇、斑鶇和多種麻雀爲食物。牠能飛升到八百到兩千公尺的高空，然後突然收起翅膀，迅猛地俯衝向牠的獵物。此時牠的速度可達到時速三百公里，被瞄準的獵物將被當場殺死或被撞擊而死。

歐洲軍隊有很長一段時間都依靠信鴿來傳遞消息。敵方得知此事以後，就養了很多隼來捕殺這些鴿子。顯然是爲了報復，使用鴿子的一方則盡力獵殺隼，於是造成了戰爭期間隼類的數量急劇減少，甚至歐洲附近地區隼的生存也受到了嚴重威脅。

燕隼（*Falco subbuteo*）

隼類動物的飛行速度快速敏捷，以空中的飛蟲和鳥類為食物。

不祥之鳥

鳥也可能有不吉利的，印度的《摩呵波羅多》一書中認爲烏鴉是死亡的信使，而羅馬人和中國人則懼怕貓頭鷹，認爲牠的出現是一個凶兆。另外不久之前，一些農民還把貓頭鷹釘在他們穀倉的門上。

希區考克將一大群極富攻擊性的鳥搬上了銀幕，片中牠們沒有任何動機地突然攻擊人類，於是對鳥的這種不良印象就被擴大化了。

據我所知，鳥唯一一次襲擊人類是發生在一個名叫加斯巴里斯的美國人身上，這位獵手吹噓自己在一九四五至一九五二年間至少獵殺了八千隻鷹。他駕駛著小型飛機朝老鷹開槍。終於有一天，鳥類的守護神忍無可忍了，被當成目標的老鷹襲擊了他。牠將飛機的機身撕裂，還敲碎了一塊玻璃。除了這樁「罪有應得」的襲擊事件之外，鳥類並不狠毒，而且沒有表現出什麼危險性。

有的時候，鳥類遭人憎恨無疑是因爲牠象徵性地屬於天空。對於大地來說，牠就是個「外來者」。對於這個外來者原型的態度，也許我們可以說是因爲人類會走路、游泳，但不會飛。而鳥類，卻可以飛翔。

所以牠讓我們又愛又怕。而且一旦牠與黑夜聯繫在一起，像貓頭鷹和耳鴞，就更加是異類了。

對應

古人按照行星的影響，將石頭、植物、動物及人類進行分類。他們賦予每個行星一種與某個角色、某個等級、某種情緒狀態相符合的特徵。例如，毛地黃就與太陽、心、金色聯繫在一起。這就是著名詩人波德萊爾的「對應理論」。後來米歇爾．福戈爾在《辭與事》的開篇讓此理論有了更進一步的發展。

鳥類也不例外，人們依舊對破解民間傳統所帶來的神話傳說背後的行星影響而樂此不疲。

因爲古人對自然中的各界都有深刻的認識，所以他們的行爲有時候會反射出這種記號。

烏鴉的社會群體有著嚴密的結構，在遇到危險時，牠們當中的警衛、法官會互相支援、抵禦危險。於是生活在這樣社群中的烏鴉就與土星聯繫在一起。因爲這顆行星代表了各種形態的建立、秩序和嚴密組織。

貓頭鷹這種與智慧女神雅典娜有關的夜行動物，是預言者的傳統象徵。牠是一種有著強烈直覺認知的鳥。牠最神秘之處就是與月亮相關聯，這使牠成爲隱藏在暗夜中的神秘太陽。

白鴿是欲望、愛、享樂女神阿芙羅蒂特的鳥。但在猶太教的教義中，嚮往神聖的靈魂被比喻做一隻白鴿，它是聖靈的象徵，所以它也代表了一種崇高的渴望，即不光統一了所有的肉體，也統一了所有的精神的「聖寵」。白鴿是金星的鳥，這顆行星代表美麗與和諧，同時也象徵愛情、快感和享樂。實際上，鴿子是一種典型的群居性鳥類：鴿群中的社會等級地位並不是由激烈的爭鬥，而是由簡單的恫嚇來決定的。

相反地，我們知道挺著鮮紅胸脯的赤喉鷚（*Anthus cervinus*）極愛打鬥。所以牠必定是受到了火星的影響——一顆象徵打鬥、戰爭、對抗的行星。另外，像松雀鷹（*Accipiter virgatus*）這種極具攻擊性的獵鳥，主要以雲雀、斑鶇、燕雀爲食，而且就像絕大多數猛禽一樣（鳶、鵟、鷹、禿鷲……）有著太陽般的強烈色彩。

宙斯的寵物——鷹，更加特別的受到木星的支配，這顆行星象徵著權力、公正和寬宏大量。自然而然，鷹被當做爲許多國王和征服者的象徵，而太陽和國王的恆定不變似乎更與隼有關。印提——古印加人的太陽神，其化身就是一隻隼。同樣，古埃及之神——雷，其形象就是一輪托起古埃及和美納斯的太陽，而美納斯則是埃及第一王朝的國王——一位隼頭人身的國王。

揭路荼（*The gaint Garuda*）

印度神話中鷹頭人身的金翅鳥，亦是印尼國徽上的國徽圖案。

飛升的聖人

有時人們不僅僅可以靈魂飛升（瑪麗·瑪德萊娜·達維把這稱做想像的飛翔），而且肉體也可以飛升。

約瑟夫·德柯柏蒂諾就是一個例子：能飛的修士。布萊茲·桑德拉斯想把他打造成新的航空兵保護主，便在《割據天空》一書中夾雜著自己的親身經歷講述了約瑟夫的故事。

約瑟夫·德柯柏蒂諾的眞名是約瑟夫·德薩，於一六〇三年出生在柯柏蒂諾的一個貧苦家庭裏。他的父親是一個鞋匠。由於小約瑟夫總是突然處於失神狀態，於是被家人當成一個傻子。一六二八年，他二十五歲的時候，受命成了一位神父。就從那時起，他開始不斷的離地起飛。

《聖殿議事錄》中提到了七十多例被值得信賴的目擊者所證實的意念懸浮事

件，其中還包括教皇烏爾班八世和他的特使。但這些懸浮飛升都被質疑了，因爲納不勒斯宗教的裁判所傳喚了約瑟夫，他被懷疑使用了妖術。到達觀眾大廳後，他沒有使用任何巫術就飛了起來，貼到了天花板上，這個使他感到很驕傲的本領卻招來大家的斥責，隨後便被遣送至一個與世隔絕的修道院中接受懲戒。

約瑟夫並沒有因此而減少他的探索。實際上，一句簡單的宗教歌曲、凝視一片櫻桃樹葉甚至一株草，都可以令他陷入出神的狀態，導致他離開地面……。

某一天，神父唐．安東尼奥．夏萊洛對約瑟夫說：「上帝把天空建的多美妙啊！我的約瑟夫老兄！」只因爲這一句話，約瑟夫就陷入出神狀態，飛起來落在了一棵橄欖樹的樹枝上。每次發生這樣的事，他都需要一個梯子才能下來。

但是，勇敢的約瑟夫．德柯柏蒂諾（布萊茲．桑德拉斯給這位令人驚愕的會飛之人如此命名）並不是唯一能夠表演這類「飛行特技」的人。奥利維爾．勒魯瓦是這個領域的專家，他在經過仔細的調查之後，將九十三位信教的女性和一百一十二位信教的男性的案例編錄在冊，其中記錄著習慣在修道院花園上空飛翔的聖弗朗索瓦．達勒康塔拉，還有時常令聖弗朗索瓦．達希茲自己吃驚的信徒和教友萊昂。萊昂經常出神地飛行，達到阿勒維爾納群峰中最高樹枝的高度。還有聖讓．德拉．克魯瓦和女聖人泰雷茲．達維拉。他們只要一互相遇見就會進入出神狀態，懸浮起來。看來世界並不缺乏像鳥一樣的人。

飛升常常伴隨著強烈的熱感，有時還有光現象。它經常呈現一種深度出神、喪失感覺的狀態……。

顯然，這種飛升現象並非基督教的專利。在路易．雷諾翻譯的一首梵文聖歌中寫道：苦行僧隨著「風的熱情飛越天空」。在中國，擁有不死之身的道士在雲中騎行，而開天闢地之初的黃帝則乘著一條龍飛到了天上。

至於西伯利亞的薩滿教巫師，其服裝上經常飾有羽毛，這樣他們就可以「像鳥展開雙翼那樣伸開雙臂」飛翔。如此神奇的飛行讓他們能夠拜訪月亮，能夠環繞地球……。不過，我們透過薩滿巫師，無疑至少能可以找到「想像的飛行」……。

鳥類的友情

聖弗朗索瓦・達希茲因爲向鳥類佈道而聞名。至少《Fioretti》一書中就提到過此事。

一天，聖弗朗索瓦和同伴在散步的時候，四周的鳥全都圍攏過來。他開始和鳥兒們說話，甚至當他在鳥群中走動，寬大的衣擺碰觸到牠們時，這些鳥也全都一動不動地聆聽，直到他的講道結束。

不過，雖然說聖弗朗索瓦無疑是唯一一位曾向飛禽講道的人（除了一些精神病院裏的常駐居民之外），但是他並非唯一一個與鳥類建立深厚友誼的人。

我清晰的記得一位老人，他養了四隻烏鴉、三隻喜鵲、一隻雀鷹和兩隻巨鷲——這些鳥都棲息在附近的大樹上和廢墟中。當老人跨進自家的柵欄時，牠們都會飛過來迎接他，就像忠誠的狗一樣。老人還告訴我，最老的一隻烏鴉曾在某些早晨用嘴敲擊他房間的窗玻璃來叫醒他，而雀鷹會搶走他所有閃閃發光的小物件，並把牠們藏在最意想不到的地方，而喜鵲則長時間地停在他的肩膀上，用嘴摩擦他的臉來表達深深的喜愛之情……。

鳥類學者的語言

詩人聖約翰·佩爾茲對古代鳥類學者創造的既精確又美妙的語言大加讚賞。

鳥的羽翼或尾部硬挺的長羽毛稱作翮羽。翮羽是由一根中空的桿組成，桿的兩邊是羽支，而羽支四周又圍繞著羽小支，羽小支上又分佈著羽微支，或者說是一種羽鉤。

長在前翅上的羽毛稱作第二飛羽，它構成了翅膀的基礎。

翼的尖端包括十到十二根第一飛羽：這就是鳥的手。

尾部的羽毛被稱作尾羽或舵羽。它們或展開或收緊來控制航向。

鳥的一身染著斑斑點點和線條的羽毛，使牠們看上去就像頭戴著無邊圓帽，或者頸上戴著領飾，或者長著眉毛……。

最終，翅膀還是附屬於身體，這個身體被稱做「鳥的領地」……。

王鶲（*Muscicapa regia*）

這是一種雨林中的鶲科動物。牠頭上的飾羽就像皇冠一樣。

鳥占術

透過觀察鳥的飛翔和聆聽鳥的鳴叫聲來占卜吉凶的這種占卜術，曾在古代十分盛行。

在希臘，鳥占術十分流行，以至於希臘語中「鳥」這個詞也是「預兆」的意思。同樣地，羅馬的鳥占師觀察鳥是振翅還是翺翔，飛行線路是曲線還是直線，是從右邊飛來還是從左邊，以此對城中的大事件做出預言。

鳥是天空的話語，是眞實的聲音。同樣的這個原則，有時也會推動古人根據星辰來給這個動蕩的塵世建立一個穩固的基礎，讓這個世界在天空中紥根。

但是完全沒有必要追溯這麼久遠來爲此尋找實例。

幾年前，我有一個朋友玩賭鳥遊戲。每當有鳥飛過他面前的道路或者從他的窗前掠過時，他就會一邊數一邊將數字記在他的小彩票表格上。

「有時候我會因此贏錢！」他肯定地對我說。

儀式

有一些鳥沈湎於某些令人驚訝的、帶有些許東方韻味──明確地說是日本韻味──的儀式之中。這些儀式並無任何已知的挑起戰爭或是表達愛意的作用（與交配期的炫耀行爲相反），而是「毫無用處」。它們甚至不是一種遊戲，而只是一種慣例而已……簡簡單單是一種慣例。

人們曾觀察到已經在太平洋中心的拉依桑島上消逝的信天翁（Diomedeidae）鳥群就舉行過這類儀式。儀式一開始，某隻信天翁會先發出一聲奇特的鳴叫，向著一名同類飛去，並幾次鞠躬。而這名同類也向牠致意。然後，兩隻鳥把喙交叉在一起，其中一隻鳥抬起自己的一隻翅膀，而另一隻鳥則發出一種非比尋常的奇怪叫聲。隨後，儀式開始時的那隻鳥會圍繞著另一隻盤旋、「跳舞」。最後，兩隻鳥會豎起牠們的喙，鼓起胸脯，發出低低的咕嚕聲。

漂泊信天翁（*Diomedia exulans*）

漂泊信天翁是世上最大型的海鳥，因為牠大部分的時間都在海洋上飄飛，所以又被稱為「飄鳥」。

最讓人稱奇的是，儀式永遠遵循特定的程式展開，就好像它已被提前定好，一次制定永不更改。

皇企鵝（*Aptenodytes forsteri*）群在遇到其他企鵝甚至人類或者狗的時候，也有一種特別的習慣。通常牠們的首領是一隻看上去就很有權勢的老年雄性企鵝。這位企鵝首領會停住腳步，低頭將喙靠在前胸上搖搖擺擺一會兒，然後發出一連串喉音，並用喙畫一個圓圈，盯著對方，不論牠是人也好，是狗也好，還是鳥或其他什麼的，似乎在等待對方的回答。

這種情形下，這個儀式明顯是一種表示接近的方式，是通過略顯刻板的禮貌性舉動來相互認識的一種方法。

可是別忘了，牠們是鳥……沒有人曾經教過牠們。

皇企鵝（*Aptenodytes forsteri*）

皇企鵝是在南極大陸沿岸過冬的鳥類，體型巨大，曾有170公分高的記錄。牠們是極有禮貌的動物。

自然公園 69

不可思議的鳥類智慧

作者　艾瑞克・薩博勒（Érik Sablé）
譯者　胡　婕
文字編輯　楊 嘉 殷
美術編輯　李 靜 佩

發行人　陳 銘 民
發行所　晨星出版有限公司
台中市407工業區30路1號
TEL:(04)23595820　FAX:(04)23597123
E-mail:service@morningstar.com.tw
http://www.morningstar.com.tw
行政院新聞局局版台業字第2500號
法律顧問　甘 龍 強 律師
印製　知文企業（股）公司　TEL:(04)23581803
初版　西元2005年01月31日

總經銷　知己圖書股份有限公司
郵政劃撥：15060393
〈台北公司〉台北市106羅斯福路二段79號4F之9
TEL:(02)23672044　FAX:(02)23635741
〈台中公司〉台中市407工業區30路1號
TEL:(04)23595819　FAX:(04)23597123

定價 180 元
（缺頁或破損的書，請寄回更換）
ISBN 957-455-787-1
Original title:La Sagesse des Oiseaux by Érik Sablé

國家圖書館出版品預行編目資料

不可思議的鳥類智慧／艾瑞克・薩博勒（Érik Sablé）◎著／胡婕 ◎譯－－初版.－－臺中市：晨星發行；臺北市：知己總經銷，2005〔民94〕

面； 公分.－－（自然公園；69）

ISBN 957-455-787-1（平裝）

388.8 93022329

◆讀者回函卡◆

讀者資料：

姓名：________________　　性別：□ 男　□ 女

生日：　／　／　　身分證字號：________________

地址：□□□________________________________

聯絡電話：　　　　（公司）　　　　（家中）

E-mail ________________________________

職業：□ 學生　□ 教師　□ 內勤職員　□ 家庭主婦
□ SOHO族　□ 企業主管　□ 服務業　□ 製造業
□ 醫藥護理　□ 軍警　□ 資訊業　□ 銷售業務
□ 其他________________

購買書名：不可思議的鳥類智慧________________

您從哪裡得知本書： □ 書店　□ 報紙廣告　□ 雜誌廣告　□ 親友介紹
□ 海報　□ 廣播　□ 其他：________________

您對本書評價：（請填代號 1. 非常滿意　2. 滿意　3. 尚可　4. 再改進）

封面設計________版面編排________內容________文／譯筆________

您的閱讀嗜好：

□ 哲學　□ 心理學　□ 宗教　□ 自然生態　□ 流行趨勢　□ 醫療保健
□ 財經企管　□ 史地　□ 傳記　□ 文學　□ 散文　□ 原住民
□ 小說　□ 親子叢書　□ 休閒旅遊　□ 其他________________

信用卡訂購單（要購書的讀者請填以下資料）

書　　　　名	數　量	金　額	書　　　　名	數　量	金　額

□VISA　□JCB　□萬事達卡　□運通卡　□聯合信用卡

- 卡號：________________　•信用卡有效期限：______年______月
- 訂購總金額：____________元　•身分證字號：________________
- 持卡人簽名：________________（與信用卡簽名同）
- 訂購日期：______年______月______日

填妥本單請直接郵寄回本社或傳真(04)23597123

請填妥後對折裝訂，直接投郵即可，免貼郵票。

廣告回函
台灣中區郵政管理局
登記證第267號
免貼郵票

407
台中市工業區30路1號
晨星出版有限公司

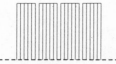

請沿虛線摺下裝訂，謝謝！

更方便的購書方式：

(1)信用卡訂閱 填妥「信用卡訂購單」，傳真至本公司。
或 填妥「信用卡訂購單」，郵寄至本公司。

(2)郵政劃撥 帳戶：知己圖書股份有限公司 帳號：15060393
在通信欄中填明叢書編號、書名、定價及總金額即可。

(3)通　　信 填妥訂購人資料，連同支票寄回。

◉如需更詳細的書目，可來電或來函索取。
◉購買單本以上9折優待，5本以上85折優待，10本以上8折優待。
◉訂購3本以下如需掛號請另付掛號費30元。
◉服務專線：(04)23595819-231 FAX：(04)23597123
E-mail:itmt@morningstar.com.tw

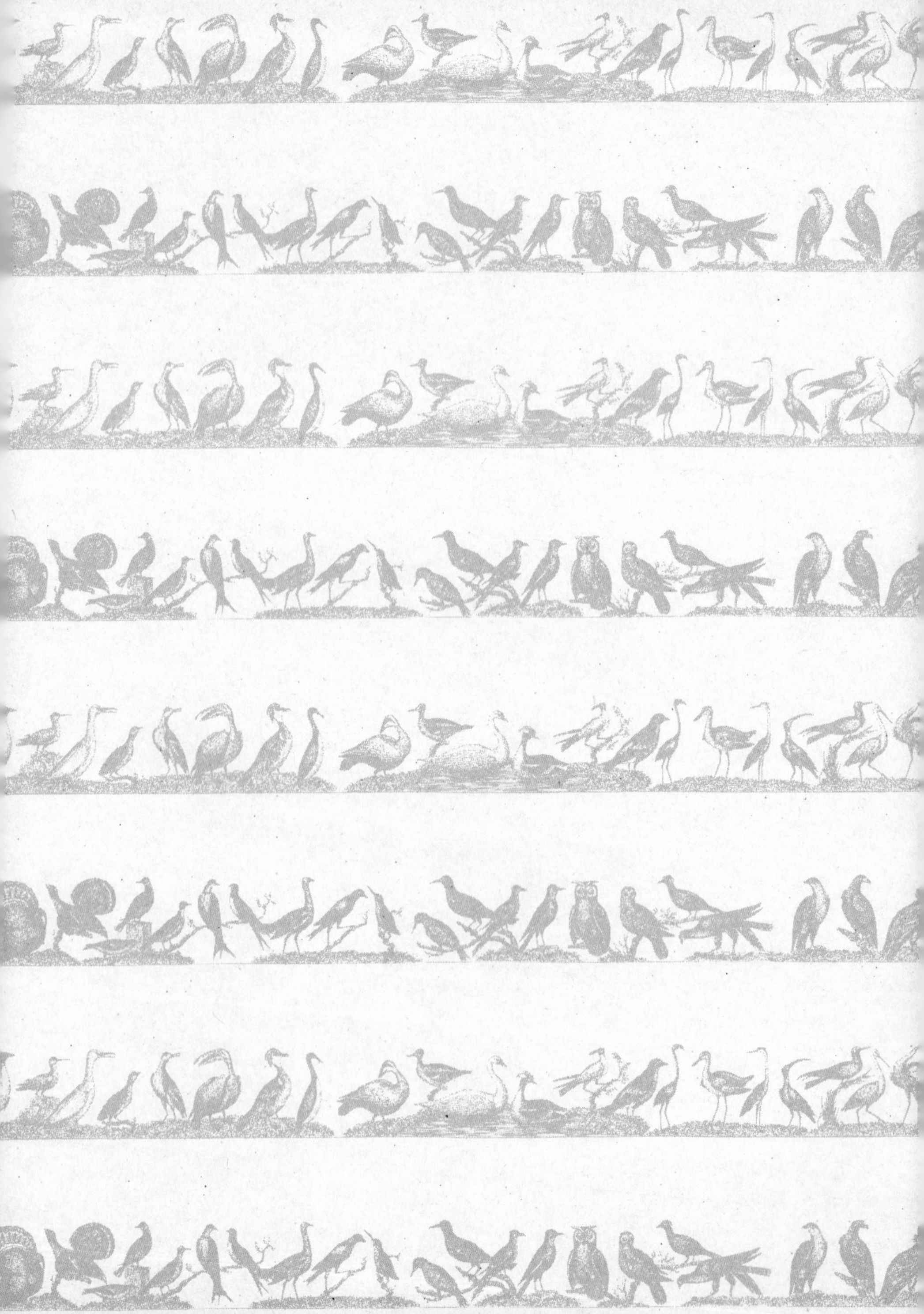